图解

电网安全生产严重违章

100条

《图解电网安全生产严重违章100条》编委会　编

事故不难防
重在守规章

中国电力出版社

CHINA ELECTRIC POWER PRESS

图书在版编目（CIP）数据

图解电网安全生产严重违章 100 条 /《图解电网安全生产严重
违章 100 条》编委会编 . — 北京：中国电力出版社，2022.8
ISBN 978-7-5198-6909-0

Ⅰ . ①图… Ⅱ . ①图… Ⅲ . ①电力工业－工业企业－安全
生产－中国－图解 Ⅳ . ① TM08-64

中国版本图书馆 CIP 数据核字（2022）第 121524 号

出版发行：中国电力出版社
地　　址：北京市东城区北京站西街 19 号（邮政编码 100005）
网　　址：http://www.cepp.sgcc.com.cn
责任编辑：丁　钊（010-63412393）
责任校对：黄　蓓　郝军燕
装帧设计：王红柳
责任印制：杨晓东

印　　刷：河北鑫彩博图印刷有限公司
版　　次：2022 年 8 月第一版
印　　次：2022 年 8 月北京第一次印刷
开　　本：880 毫米 ×1230 毫米　24 开本
印　　张：5
字　　数：243 千字
定　　价：48.00 元

本书编委会

主　任　徐　伟

副主任　赵　珩

主　编　俎洋辉

副主编　张建立　王　磊

参　编　贾雪蒙　张永辉　王　岩　闫书朋

　　　　朱　磊　王　健　张龙飞　毕　亮

　　　　孙　鑫　张震毅　周　燕　陈　莉

前言

　　本书根据国家电网有限公司发布的 100 条严重违章，在深刻理解《中华人民共和国安全生产法》《中华人民共和国刑法》《国家电网有限公司电力安全工作规程》等法律法规、规章制度的基础上，用大家喜闻乐见的漫画形式，生动再现了电力生产三类严重违章场景，对严重违章清单进行注解和释义，对如何避免违章进行解读和指导，做到了专业性与趣味性的统一，为推动严重违章条款宣贯入眼、入脑、入心，解决严重违章"不知""不为""不能"等问题，进而为实现电力企业员工远离严重违章、杜绝安全事故提供有效帮助。

　　在此，衷心希望本书的出版能够帮助广大电力员工，特别是一线作业员工形象、直观、有效认知严重违章行为，全面、完整、准确理解和掌握严重违章清单，树牢"违章就是隐患、违章就是事故"的理念，做到"知敬畏、明底线、守规矩"，为营造全员反违章、全员抓违章的工作氛围发挥积极作用。

　　由于编绘时间仓促、水平有限，漫画中难免存在不妥之处，欢迎广大读者批评指正，帮助我们及时修改完善。

人物介绍

阿全

小胖

阿全 安全员，人帅技高，爱岗敬业，以身作则，多次被评为企业安全生产标兵，是企业安全生产的保障。口头禅：麻痹大意是隐患。

小胖 新入职，名校高才生，为人风趣幽默，不拘小节，有点儿小马虎。

目录

一、I类严重违章

1 无日计划作业，或实际作业内容与日计划不符。

严格落实"无计划不作业"，抢修作业纳入临时计划，所有作业计划纳入安全生产风险管控平台线上管控。

2 存在重大事故隐患而不排除，冒险组织作业；存在重大事故隐患被要求停止施工，停止使用有关设备、设施、场所或者立即采取排除危险的整改措施，而未执行的。

　　存在重大事故隐患不得冒险组织作业，凡强令他人违章冒险作业，或者明知存在重大事故隐患而不排除，仍冒险组织作业，因而发生重大伤亡事故或者造成其他严重后果的，处五年以下有期徒刑或者拘役；情节特别恶劣的，处五年以上有期徒刑。

3 建设单位将工程发包给个人或不具有相应资质的单位。

　　县级以上人民政府住房和城乡建设主管部门对本行政区域内发现的违法发包、转包、分包及挂靠的行为，应当依法进行调查，按照《住房和城乡建设部关于印发〈建筑工程施工发包与承包违法行为认定查处管理办法〉的通知》（建市规〔2019〕1号）进行认定，并依法予以行政处罚。

4 使用达到报废标准的或超出检验期的安全工器具。

　　所有作业人员佩戴的个人防护用品必须符合国家规定的安全资质和标准，对现场安全措施布置不到位、安全工器具不合格的作业坚决不干。

5 工作负责人（作业负责人、专责监护人）不在现场，或劳务分包人员担任工作负责人（作业负责人）。

工作负责人（专责监护人）不在现场的不干。工作许可手续完成后，工作负责人、专责监护人应向工作班成员交代工作内容、人员分工、带电部位和现场安全措施，进行危险点告知，并履行确认手续，装工作接地线后，工作班方可开始工作。工作负责人、专责监护人应始终在工作现场，对工作班人员的安全认真监护，及时纠正不安全的行为。

6 未经工作许可（包括在客户侧工作时，未获客户许可），即开始工作。

工作许可人在完成施工现场的安全措施后，还应会同工作负责人到现场再次检查所做的安全措施，对具体的设备指明实际的隔离措施，证明检修设备确无电压，对工作负责人指明带电设备的位置、注意事项，并和工作负责人在工作票上分别确认、签名后，方可开始工作。

7 无票（包括作业票、工作票及分票、操作票、动火票等）工作、无令操作。

在电气设备上及相关场所中工作，正确填用工作票、操作票是保证安全的基本组织措施。无票作业容易造成安全责任不明确，保证安全的技术措施不完善，组织措施不落实等问题，进而造成因管理失控而发生的各类事故。因此要严格按照《国家电网公司电力安全工作规程》填用工作票和操作票。

8 作业人员不清楚工作任务、危险点。

　　持工作票工作前，工作负责人、专责监护人必须清楚工作内容、危险点、监护范围、人员分工、带电部位、安全措施和技术措施，并对工作班成员进行告知交底。工作班成员需认真听取工作负责人、专责监护人交代，熟悉工作内容、工作流程，掌握安全措施，明确工作中的危险点，履行确认手续后方可开始工作。

作业人员应在工作票规定的范围内工作，增加工作任务时，如不涉及停电范围及安全措施的变化，现有条件又可以保证作业安全，那么需经工作票签发人和工作许可人同意后，才可以使用原工作票，但应在工作票上注明增加的工作项目，并告知作业人员。如果增加的工作任务涉及变更或增设安全措施，应先办理工作票终结手续，然后重新办理新的工作票，履行签发、许可手续后，方可继续工作。

10 作业点未在接地保护范围内。

　　检修设备停电后,作业人员必须在接地保护范围内工作。禁止作业人员擅自移动或拆除接地线。高压回路上的工作,必须要拆除全部或一部分接地线后,并征得运维人员的许可(根据调控人员指令装设的接地线,应征得调控人员的许可)方可进行,工作完毕后立即恢复。

11 漏挂接地线或漏合接地开关。

对于可能送电至停电设备的各方面都应装设接地线或合上接地开关（装置），所装接地线与带电部分应考虑接地线摆动时仍符合安全距离的规定。相关操作应根据不同专业具体规定执行。

12 组立杆塔、撤杆、撤线或紧线前未按规定采取防倒杆（塔）措施；架线施工前，未紧固地脚螺栓。

　　作业人员在攀登杆塔作业前，应检查杆根、基础和拉线是否牢固，铁塔塔材是否缺少，螺栓是否齐全、匹配和紧固。铁塔组立后，地脚螺栓应随即加垫板并拧紧螺母及打毛丝扣。新立的杆塔应注意检查杆塔基础，若杆基未完全牢固，回填土或混凝土强度未达标准或未做好临时拉线前，不能攀登。

13 高处作业、攀登或转移作业位置时失去保护。

高处坠落是高处作业最大的安全风险，防高处坠落措施能有效保证高处作业人员人身安全。高处作业均应先搭设脚手架，使用高空作业车、升降平台或采取其他防坠落措施，方可进行。在没有脚手架或者在没有栏杆的脚手架上工作，高度超过 1.5m 时，应使用安全带，或采取其他可靠的安全措施。同时在高处作业过程中，应随时检查安全带是否拴牢。

14 有限空间作业未执行"先通风、再检测、后作业"要求；未正确设置监护人；未配置或不正确使用安全防护装备、应急救援装备。

　　有限空间进出口狭小，自然通风不良，易造成有毒有害、易燃易爆物质聚集或含氧量不足，在未进行气体检测或检测不合格的情况下贸然进入，可能造成作业人员中毒、有限空间燃爆事故（在电缆井、电缆隧道、深度超过 2m 的基坑内作业，因工作环境复杂且相对密闭，容易聚集易燃易爆及有毒气体，为避免中毒及氧气不足，应排除浊气，经气体检测合格后方可工作）。

15 牵引机、张力机进出口前方不得有人通过。

牵引机、张力机在运转时，前方不得有人通过。

二、II 类严重违章

16 未及时传达学习国家、国家电网有限公司安全工作部署，未及时开展国家电网有限公司系统安全事故（事件）通报学习、安全日活动等。

认真贯彻党中央、国务院安全生产方针政策和决策部署，遵守国家安全生产法律法规，执行国家电网有限公司党组安全生产各项要求是全体员工的责任。及时传达安全生产工作部署、学习上级下发的事故通报、开展安全日活动是落实安全监督管理职责和规范员工安全工作行为的主要方式。

17 安全生产巡查通报的问题未组织整改或整改不到位。

　　安全生产巡查工作是落实党中央、国务院加强安全生产各项部署，进一步推动安全生产责任制落实的重要举措，及时组织整改可以强化安全生产主体责任、完善安全生产管理体制机制、持续稳定的保障安全生产，对推进国家电网有限公司安全健康发展起着至关重要的作用。未按巡查要求及时完成整改，应追究相关人员的责任。

针对国家电网有限公司通报的安全事故事件、要求开展的隐患排查，未举一反三组织排查；未建立隐患排查标准，分层分级组织排查。

这批新灭火器数量不多，先处理通报的这项隐患，那些以后再说吧。

头儿，配电室的灭火器已经换成新的了，安全工具室的灭火器也过期了，需要安排吗？

针对国家电网有限公司通报的安全事故事件，要按照"四不放过"原则，对应受到教育的人员进行教育，深刻吸取事故教训，分析事故原因，并对照检查，举一反三组织排查，制订措施，限期整改，彻底消除安全隐患。

19 承包单位将其承包的全部工程转给其他单位或个人施工；承包单位将其承包的全部工程分解以后，以分包的名义分别转给其他单位或个人施工。

对经认定有上述行为的施工单位，由住房和城乡建设主管部门依照《住房和城乡建设部关于印发〈建筑工程施工发包与承包违法行为认定查处管理办法〉的通知》进行认定查处，公司相关部门应配合调查，并依照《国家电网有限公司输变电工程施工分包安全管理办法》（国家电网企管〔2019〕296 号）进行考核。

20 施工总承包单位或专业承包单位未派驻项目负责人、技术负责人、质量管理负责人、安全管理负责人等主要管理人员；合同约定由承包单位负责采购的主要建筑材料、构配件及工程设备或租赁的施工机械设备，由其他单位或个人采购、租赁。

最近实在太忙了，采购主要建筑材料这事不如交给老张的公司，应该没事。

　　对经认定有上述行为的施工总承包单位或专业承包单位由住房和城乡建设主管部门依照《住房和城乡建设部关于印发〈建筑工程施工发包与承包违法行为认定查处管理办法〉的通知》（建市规〔2019〕1号）进行认定查处，国家电网有限公司相关部门应配合调查，并依照《国家电网有限公司输变电工程施工分包安全管理办法》（国家电网企管〔2019〕296号）进行考核。

21 没有资质的单位或个人借用其他施工单位的资质承揽工程，有资质的施工单位相互借用资质承揽工程。

对经认定上述行为的施工单位和个人，由住房和城乡建设主管部门依照《住房和城乡建设部关于印发〈建筑工程施工发包与承包违法行为认定查处管理办法〉的通知》（建市规〔2019〕1号）进行认定查处，国家电网有限公司相关部门应配合调查，并依照《国家电网有限公司输变电工程施工分包安全管理办法》（国家电网企管〔2019〕296号）进行考核。

拉线、地锚、索道投入使用前未计算校核受力情况。

要严格落实《国网基建部关于印发〈输变电工程建设施工安全强制措施（2021修订版）〉的通知》文件中关于强化施工机具班组管控的要求。

23 拉线、地锚、索道投入使用前未开展验收；组塔架线前未对地脚螺栓开展验收；验收不合格，未整改并重新验收合格即投入使用。

施工方案实施前，应经使用单位和监理单位对拉线、地锚、索道验收合格后才能投入试运行，试运行合格后方可运行。对未开展验收或验收不合格的，不得投入使用。

24 未按照要求开展电网风险评估，及时发布电网风险预警、落实有效的风险管控措施。

要严格落实 Q/GDW 11711—2017《电网运行风险预警管控工作规范》，组织开展电网风险评估，及时发布电网运行风险预警，针对本专业存在的安全风险制订相应有效的风险管控措施。按照相应管理职责，安监部对相关部门开展预警管控工作的全过程监督、检查、评价、考核。

25 特高压换流站工程启动调试阶段，建设、施工、运维等单位责任界面不清晰，设备主人不明确，预试、交接、验收等环节工作未履行。

《新建特高压换流站现场安全管理职责分工》规定："各方安全管理职责按三个阶段划分：第一阶段：设备启动带电前，现场建设管理单位对换流站现场的安全管理负责，物资公司对设备厂家交付现场的设备质量负责；第二阶段：带电调试、试运行期间，业主代表启动验收委员会负责现场调试期间的总体协调，组织建设管理单位、运行单位、物资公司、调试单位等按照各自的责任范围对调试现场的安全管理负责；第三阶段：试运行结束后，现场安全管理由运行单位负责。"

26 约时停、送电；带电作业约时停用或恢复重合闸。

线路的停、送电均应按照值班调控人员或线路工作许可人的指令执行，禁止约时停、送电。

27 未按要求开展网络安全等级保护定级、备案和测评工作。

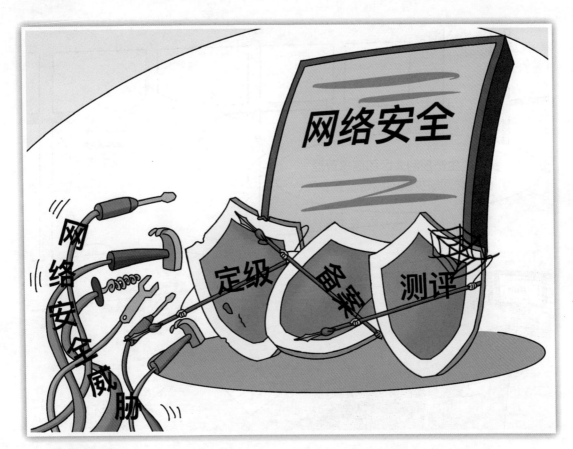

　　电网调度自动化系统、电力通信网及信息系统在设计、建设、运行阶段，应执行办理网络安全等级保护备案手续的规定；已投入运行的，应按照相关要求定期开展网络安全等级保护测评及安全防护评估工作。针对测评、评估发现的问题，应及时完成整改。

28 电力监控系统中横纵向防护设备缺失。

电力监控系统中应部署横纵向防护设备。除此类设备外，其余设备禁止跨接生产控制大区和管理信息大区。

29 货运索道载人。

索道不得超载使用，不得载人。

30 超允许起重量起吊。

操作人员应按规定的起重性能作业，不得超载。

31 采用正装法组立超过 30m 的悬浮抱杆。

　　杆塔组立时，禁止使用正装法起立抱杆，施工作业层班组负责人应按施工方案要求指挥作业人员起立抱杆，施工作业层班组安全员对作业全程进行监护，安全监理工程师或监理员对作业全程进行监督。

32 紧断线平移导线挂线作业未采取交替平移子导线的方式。

交替挂线太麻烦了，先挂好这座塔再挂那座吧。

行为违章

34

紧断线平移导线挂线中，施工作业层班组负责人应指挥作业人员交替进行平移子导线，以免造成杆塔单侧受力失稳。

33 在带电设备附近作业前未计算校核安全距离，作业安全距离不够且未采取有效措施。

　　用起重设备吊装部件时，吊车本身接地必须良好，吊杆与带电部位必须保持足够的安全距离，现场作业时还应安排专人监督。当作业安全距离不够时，应采取有符合资格要求的专人进行指挥等有效措施，必要时，申请对设备进行停电，严禁无指挥作业和冒险作业。

34 乘坐船舶或水上作业超载，或不使用救生装备。

现场水上作业人员必须在作业时穿好救生衣，在作业前应对救生衣进行检查，确认其安全有效。

35 在电容性设备检修前未放电并接地, 或结束后未充分放电; 高压试验变更接线或试验结束时未将升压设备的高压部分放电、短路接地。

　　在电容器上检修时必须将电容器逐个放电, 并在放电后接地; 电缆试验结束, 应对被试电缆进行充分放电, 并在被试电缆上加装临时接地线, 待电缆尾线接通后才可拆除。

36 擅自开启高压开关柜门、检修小窗，擅自移动绝缘挡板。

　　高压开关柜内手车开关拉出且隔离带电部位的挡板封闭后禁止开启，并设置"止步，高压危险！"的标识牌。

37 在带电设备周围使用钢卷尺、金属梯等禁止使用的工器具。

钢卷尺导电，而皮卷尺和线尺一般都较长且有的内部装有金属丝，测量时中间不稳定，易被风吹移位，如果碰到带电设备，其后果不堪设想。因此，在带电设备周围进行测量工作应该使用绝缘尺、激光测距仪等。

38 倒闸操作前不核对设备名称、编号、位置，不执行监护复诵制度或操作时漏项、跳项。

　　倒闸操作前，应先核对设备的名称、编号和位置，并检查断路器、隔离开关等的通断位置与工作票所写的是否相符。操作中，应认真执行复诵制、监护制，发布操作命令和复诵操作命令应该严肃认真，声音洪亮、清晰，并按操作票填写的顺序逐项操作、逐项打钩，不得漏项、跳项操作。

39 倒闸操作中不按规定检查设备实际位置，不确认设备操作到位情况。

　　在接到倒闸操作任务后，值班负责人应根据倒闸操作的性质安排值班员操作。操作前按规定检查设备实际位置；操作结束后，按规定对操作的项目进行检查，如检查一次设备操作是否到位、三相位置是否相符、连接片是否连接正常等。

在继电保护屏上作业时，运行设备与检修设备无明显标志隔开，或在保护盘上或附近进行振动较大的工作时，未采取防掉闸的安全措施。

　　在继电保护屏上作业时，运行设备与检修设备要用红布帘或封条等方式将其明显隔开；在保护屏上或附近进行振动较大的工作时，应采取防止运行中设备掉闸的措施，必要时经值班调度员或值班负责人同意，将保护暂时停用。

41 防误闭锁装置功能不完善，未按要求投入运行。

高压电气设备都应该安装完善的防误操作闭锁装置。防误操作闭锁装置包括微机防误、电气闭锁、电磁闭锁、机械闭锁、机械程序锁、机械锁、带电显示装置等。防误操作闭锁装置具有"五防"功能：防止误分、误合断路器；防止带负荷拉、合隔离开关；防止带电（挂）合接地（开关）；防止带接地线（开关）合断路器（隔离开关）；防止误入带电间隔。

42 随意解除闭锁装置，或擅自使用解锁工具（钥匙）。

防误闭锁装置的解锁钥匙应放在专用的盒、柜内保管，不得与其他钥匙混放，并将其放在固定的方便存取的地方，按值移交；运行人员与操作人员严禁擅自使用解锁钥匙；解锁钥匙使用后要及时封存。

43 继电保护、直流控保、稳控装置等定值计算、调试错误，误动、误碰、误（漏）接线。

　　继电保护现场工作至少应有两人参加。现场工作人员应熟悉继电保护、电网安全自动装置和相关二次回路，并经培训、考试合格后方可操作，操作过程中应严格执行继电保护现场标准化作业指导书，规范现场安全措施，防止继电保护"三误"事故。

44 在运行站内使用吊车、高空作业车、挖掘机等大型机械开展作业，未经设备运维单位批准即改变施工方案规定的工作内容、工作方式等。

全体作业人员应参加施工方案、安全技术措施交底，并按规定在交底书上签字确认。施工过程如需变更施工方案，应经措施审批人同意，监理项目部审核确认，设备运维单位批准后重新交底。

45 两个及以上专业、单位参与的改造、扩建、检修等综合性作业，未成立由上级单位领导任组长，相关部门、单位参加的现场作业风险管控协调组；现场作业风险管控协调组未常驻现场督导和协调风险管控工作。

成立由上级单位副总师以上领导任组长的管控协调组，常驻现场督导现场风险管控工作，加强专业协调和资源统筹。

三、Ⅲ 类严重违章

承包单位将其承包的工程分包给个人，施工总承包单位或专业承包单位将工程分包给不具备相应资质单位。

　　未对承包商进行安全资质审查，承包方和发包商都将承担极大的安全风险。《国家电网公司基建安全管理规定》第70条明确规定：施工企业是分包安全管理工作的责任主体，应建立分包资质审查、现场准入、教育培训、动态考核、资信评价等分包管理制度；建立年度合格分包商名册；对分包商及其人员实施全过程动态管理。

47 施工总承包单位将施工总承包合同范围内工程主体结构的施工分包给其他单位，专业分包单位将其承包的专业工程中非劳务作业部分再分包，劳务分包单位将其承包的劳务再分包。

 　　劳务外包或劳务分包的承包合同，应明确承包单位需自行完成的主体工程或关键性工作，禁止承包单位将主体工程或关键性工作违规分包或再次外包。

48 承发包双方未依法签订安全协议，未明确双方应承担的安全责任。

根据"安全第一，预防为主"的安全生产方针，结合国家、地方有关法律法规及国家电网有限公司有关安全管理规定，发包商与承包商为确保施工安全和工程质量，在协商一致的基础上，必须签订安全管理责任协议，明确双方应承担的安全责任。

49 将高风险作业定级为低风险。

电网工程开工前需结合项目实际作业特点进行风险分析、识别与评估，使不同动态风险等级的作业采取不同的管理措施，始终保证电网工程施工安全风险处于可控、在控、能控状态。将高风险定级为低风险极易带来重大风险隐患，提高引发电网、人身、设备事故的可能性，因此务必要准确定级。

跨越带电线路展放导（地）线作业，跨越架、封网等安全措施均未采取。

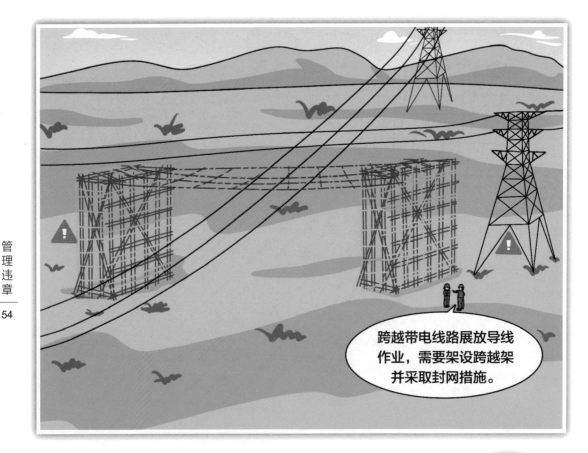

跨越带电线路展放导线作业，需要架设跨越架并采取封网措施。

　　在跨越不停电线路展放导（地）线作业时，跨越架、封网的作用是保证被跨越的带电线路及被跨越物不会因施工过程中导（地）线意外脱落而造成不停电线路跳闸，出现某些事故，所以跨越带电线路展放导（地）线作业时应采取搭设跨越架、封网等安全措施，跨越架、封网应符合相关规范规定。

51 违规使用没有"一书一签"（化学品安全技术说明书、化学品安全标签）的危险化学品。

　　化学品安全技术说明书提供了有关化学品的危害信息，确保使用者操作安全，为制订危险化学品安全操作规程提供技术信息。化学品安全标签是文字、图形符号和编码的组合形式，标识化学品所具有的危险性和安全注意事项。两者简称为"一书一签"，采购、储存、使用没有"一书一签"的危险化学品，无法得知其理化特性、操作指南等而存在安全隐患，因此应使用带有"一书一签"的危险化学品。

52 现场规程没有每年进行一次复查、修订并书面通知有关人员；不需修订的情况下，未由复查人、审核人、批准人签署"可以继续执行"的书面文件并通知有关人员。

现场规程是针对某设备在安装、检修或校验后如何进行正确操作、巡视、维护的相关技术要求，如果一年内没有对该设备进行过检修或缺陷处理且没有其他危险性变化，则该规程可以继续执行，并重新履行审批手续；如果有了较大变化，原来的规程不适用于当前设备状况了，应按照要求重新修订。

53 现场作业人员未经安全准入考试并合格；新进、转岗和离岗 3 个月以上电气作业人员，未经专门安全教育培训，并经考试合格上岗。

　　新进、转岗和离岗 3 个月以上的电气人员对相关工作内容、要求、技术规范、标准等存在了解不足、学习不深、遗忘等问题，贸然参与工作存在一定的危险性；安全准入考试是落实国家、行业、公司有关政策的另一种表现形式，在原有规定培训、考试等基础上参加以安全生产风险管控平台为依托的安全准入考试并合格后，方可进入作业现场。

54 不具备"三种人"资格的人员担任工作票签发人、工作负责人或许可人。

负责人不在，那边一直在催，我替他签了吧。

你不在"三种人"名单里，这是胡来。

"三种人"是安全生产工作中的关键人和主体责任人。工作票签发人、工作负责人、工作许可人均要经岗位操作技能和安全操作技能考试且考核合格后方可担任，除此之外，"三种人"应具有各类规程规定的其他要求，方可担任，并开展有关工作。

55 特种设备作业人员、特种作业人员、危险化学品从业人员未依法取得资格证书。

> 快下来，你没有取得特种作业人员资格证书，不能高空作业。

特种设备作业人员是指在特种设备上作业的人员及其相关管理人员的统称；特种作业人员是指直接从事特殊种类作业的从业人员，比如电工作业、焊接与热切割作业、高处作业等；危险化学品从业人员指从事危险化工工艺过程操作及化工自动化控制仪表安装、维修、维护的作业人员。以上三类人员如果没有依法取得资格证书不仅违反了国家相关法律法规，同时也违反了国家电网有限公司相关规定。

56 特种设备未依法取得使用登记证书、未经定期检验或检验不合格。

定期检验是指对特种设备运行一个周期后的使用状况做出的总体安全性检测和风险性评估，从而确定该设备是否具备继续投入下一个使用周期的基本安全要素和能力。未经定期检验的特种设备安全性能状态不明，合格状态待定，与检验不合格的设备都存在一定安全隐患。因此特种设备使用单位不能使用未依法取得使用登记证书、未经定期检验或者检验不合格的特种设备。

57 **自制施工工器具未经检测试验合格。**

　　自制施工工器具没有经过检验、试验和鉴定，容易引起人身伤害和设备损坏。 故而需经具备资格的鉴定机构按相关电气、机械标准进行功能性试验鉴定，以确保机具符合使用要求。鉴定试验合格后才能使用。

58 金属封闭式开关设备未按照国家、行业标准设计制造压力释放通道。

我要出去！！！

　　金属封闭式开关设备因其构造特殊，如果未按照国家、行业标准设计制造压力释放通道，当开关柜内产生内部故障电弧时，压力释放装置无法可靠打开，极易发生事故，所以开关柜各高压隔室均应设有泄压通道或压力释放装置且确保与设计图纸保持一致，除此之外还要对泄压通道的安装方式进行检查，以满足安全运行要求。

59 设备无双重名称，或名称及编号不唯一、不正确、不清晰。

设备双重名称指的是设备名称和编号。设备的名称以中文命名，所属编号以阿拉伯数字为准，组合在一起就是双重名称。同一个站、所不能出现相同的名称或相同的编号，以确保设备的唯一性、准确性。倒闸操作时应根据值班调控人员或运维人员的指令，发布含设备双重名称的准确指令，受令人在复诵无误后执行。

60 高压配电装置带电部分对地距离不满足且未采取措施。

　　户外（内）配电装置的人行过道或作业区是巡视或作业活动的区域，当配电装置的裸露部分在跨越人行过道或作业区时，若导电部分对地高度分别小于规定距离，该裸露部分两侧和底部应装设护网，以限制作业人员的活动范围，防止作业人员在作业过程中的后面、两侧、上下接近或无意接触到带电部位危及人身安全。

电化学储能电站是通过化学反应进行电池正负极的充电和放电，实现能量转换的电站。电池管理系统是保证储能电站系统稳定、安全、可靠、长寿命运行的关键设备。电池管理系统、消防灭火系统、可燃气体报警装置、通风装置相互联动，如果某项系统或装置未达到设计要求或故障失效很有可能会造成火灾等事故且故障范围容易扩大。

62 网络边界未按要求部署安全防护设备并定期进行特征库升级。

管理信息大区信息

生产控制大区信息

互联网大区信息

特征库升级

运行监测

信息泄漏

安全审计

　　网络边界是指不同网络之间互联的接口，各安全区及不同安全等级的网络互联，需要部署必要的网络安全设备，如防火墙、隔离装置、纵向加密机等设备。安全防护设备要定期进行特征库升级，及时调整安全防护策略，强化日常巡检、运行监测、安全审计，保持网络安全防护措施的有效性，需要留存不少于六个月的相关网络安全日志，避免出现设备防护功能失效的情况。

63 高边坡施工未按要求设置安全防护设施；对不良地质构造的高边坡，未按设计要求采取锚喷或加固等支护措施。

高边坡施工设置安全防护设施目的是防止掉块、落石、崩塌、倾倒、滑坡、坠落等。不良地质构造的高边坡要按设计要求采取锚喷或加固等支护措施，防止作业时产生滑坡、坍塌和边坡失稳等意外事故。

平衡挂线时，在同一相邻耐张段的同相导线上进行其他作业。

平衡挂线时，如果在同一相邻耐张段的同相导线上进行其他作业，施工工艺上会出现弧垂不符，同时锚线受力过大，极易发生因导线震动、脱落等现象造成的各类事故。

65 未经批准，擅自将自动灭火装置、火灾自动报警装置退出运行。

火灾自动报警装置具有火灾报警、故障报警、主电源、备电源自动切换、报警部位显示、系统自检等功能；自动灭火装置在发生火灾时可自动灭火、远程监视各种状态、掌握防火区域内的实时变化等。为了最大限度地减少生命和财产损失，未经批准，不得擅自将自动灭火装置、火灾自动报警装置退出运行。

66 票面（包括作业票、工作票及分票、动火票等）缺少工作负责人、工作班成员签字等关键内容。

票面（包括作业票、工作票及分票、动火票等）是准许现场作业的书面命令，是向工作班组人员进行安全交底、履行工作许可、监护、间断、转移和终结手续及实施保证安全技术措施的书面依据和记录载体。工作票签发人、工作许可人、工作负责人、工作班成员等人员在各类票面上签字可明确工作任务、作业中可能存在的危险点、保证安全的技术措施实施及安全责任。参与的所有人员均应正确签名，不可代签。

67 重要工序、关键环节作业未按施工方案或规定程序开展作业；作业人员未经批准擅自改变已设置的安全措施。

　　作业应严格执行施工方案或规定程序开展作业。同时施工现场应按规定配置和使用施工安全设施。设置的各种安全设施不得擅自拆、挪或移作其他用途。如确因施工需要，应征得该设施管理单位同意，并办理相关手续，采取相应的临时安全措施，并在事后及时恢复。

68 货运索道超载使用。

货运索道的承载重量应严格遵照设计规定执行，如果在运输中超载使用，会导致索道绳索断裂，拉线因超重受力过大而发生意外。所以，应特别注意，索道不得超载使用，不得载人。

69 作业人员擅自穿、跨越安全围栏、安全警戒线。

安全围栏、安全警戒线的作用是限制人员的活动范围，为防止无关人员误入、工作人员在工作中接近带电设备，起到警示作用。现场作业人员禁止擅自穿越、跨越安全围栏、安全警戒线。

70 起吊或牵引过程中，受力钢丝绳周围、上下方、内角侧和起吊物下面，有人逗留或通过。

危险，上边吊着东西呐。

　　在起吊、牵引过程中，一旦导向滑车锚桩拔出，钢丝绳可能飞出或崩断，站在钢丝绳周围、上下方、内角侧和起吊物下面的人员可能会受到伤害，因此吊装作业时，现场人员必须站在受力钢丝绳的外角侧，任何人员不得在起吊物下方逗留或通过。

71 使用金具 U 形环代替卸扣，使用普通材料的螺栓取代卸扣销轴。

　　金属 U 形环和普通材料螺栓的允许荷载往往小于吊装使用的卸扣和销轴的允许荷载，随意替代会导致以小代大，存在安全隐患。现场使用的受力工器具都应符合技术检验标准并附有许用荷载标志，不允许出现使用金具 U 形环代替卸扣，普通材料螺栓取代卸扣销轴等随意替代行为。

72 放线区段有跨越、平行输电线路时，导（地）线或牵引绳
未采取接地措施。

　　放线区段有跨越或平行输电线路时可能产生感应电，或
小于安全距离放电，都会造成放线操作人员触电伤害。因此
张力放线时应保证牵引和张力设备可靠接地、导（地）线或
牵引绳采取必要接地措施，操作人员还应站在干燥的绝缘垫
上进行作业。

73 耐张塔挂线前，未使用导体将耐张绝缘子串短接。

 　　为防止操作人员感应触电伤害，紧线作业必须采取接地措施，紧线段内的接地装置要完整且接触良好，耐张塔挂线前，应使用导体将耐张绝缘子串短接。

74 在易燃易爆或禁火区域携带火种、使用明火、吸烟；未采取防火等安全措施在易燃物品上方进行焊接，下方无监护人。

在易燃物品或重要设备上方未采用必要防范措施进行焊接，作业时溅起的火花极易引起火灾和爆炸事故。不设监护人，施焊人员违章就无人监管，产生危害也将失去监控。因此，严禁在易燃、易爆品周围 10m 范围内动火、携带火种或抽烟，尽量避免在易热物品上方焊接作业，必要时，应制订方案和防护措施，并加强现场监护。

75 动火作业前，未将盛有或盛过易燃易爆等化学危险物品的容器、设备、管道等生产、储存装置与生产系统隔离，未清洗置换，未检测可燃气体（蒸气）含量，或可燃气体（蒸气）含量不合格即动火作业。

凡盛有或盛过易燃易爆等化学危险物品的容器、设备、管道等生产、储存装置都可能因动火作业被引燃，导致火灾事故，动火作业前必须将其与生产系统彻底隔离且进行清洗置换，并在可燃气体、易燃液体的可燃蒸气含量检测合格后，才能进行动火作业。

76 动火作业前，未清除动火现场及周围的易燃物品。

在易燃易爆物品附近动火作业需要达到安全距离。

动火作业前应清楚动火现场及周围的易燃物品，或者采取其他有效的安全防火措施，根据动火实际情况，还要配备足够适用的消防器材，避免因动火不善引发火灾或易燃品爆炸事故。

77 生产和施工场所未按规定配备消防器材或配备不合格的消防器材。

　　生产和施工场所若没有有效的灭火器材，失火时则不能及时扑灭初始火源，导致火灾灾情扩大，可能带来巨大经济损失和人身伤害。因此生产和施工场所必须按规定配备充足合格的消防器材，并定期检查、试验，保持消防器材有效。

78 作业现场违规存放民用爆炸物品。

易燃、易爆物品或各种气瓶不按有关规定运输、存放、使用，混合在一起可能产生燃烧和爆炸等事故，严重时将会危害社会公共安全。易燃、易爆物品及各类气瓶的运输、存放、使用必须强制执行国家有关规定。

79 擅自倾倒、堆放、丢弃或遗撒危险化学品。

作业现场使用的氧气瓶、乙炔瓶、六氟化硫瓶等危险化学品，应按要求摆放，不得靠近热源或在太阳下暴晒，使用时氧气瓶和乙炔瓶距离不得小于 5m，与明火距离不得小于 10m。各种危险化学品瓶体等要按有关标准定期检验，不得擅自倾倒、堆放、丢弃或遗撒，以免发生泄漏中毒、爆炸火灾等事故。

80 带负荷断、接引线。

在带电作业过程中，只允许带电断、接空载线路且要符合有关规定，严禁带负荷断、接引线。

81 电力线路设备拆除后，带电部分未处理。

电力线路设备拆除后，带电部分要及时处理，设置必要的防人员误碰安全措施和警示标示，不得留有任何可能带电的部分，避免发生人员触电事故。

82 在互感器二次回路上工作，未采取防止电流互感器二次回路开路，电压互感器二次回路短路的措施。

电流互感器二次回路开路，将产生过电压，会对人身、设备造成危害；电压互感器二次回路短路，将产生过电流，会对设备造成危害。在互感器二次回路上工作，必须采取有效措施，防止电流互感器二次回路开路，电压互感器二次回路短路。

83 起重作业无专人指挥。

　　起重作业无专人指挥，任由吊车司机自行判断和操作，因视野受限，无法全面顾及周围作业环境，易引发事故。起重作业必须指定专人指挥配合完成起重作业，指挥人员宜使用小旗和口哨等方式，指挥信号必须准确、清晰。

84 高压业扩现场勘察未进行客户双签发；业扩报装设备未经验收，擅自接火送电。

　　高压业扩现场勘查应进行客户双签发，确保供电方案准确无误。业扩报装中，应组织相关部门对客户受电设备进行竣工验收，确保现场情况与供电方案一致且设备电气性能合格，方可进行接火送电，严禁未经验收，擅自接火送电。

85 未按规定开展现场勘察或未留存勘察记录，工作票（作业票）签发人和工作负责人均未参加现场勘察。

　　未开展现场勘察或工作票签发人和工作负责人未参加现场勘查，会造成关键人员对现场施工条件和实际情况不清楚，制订的工艺、方案、安全技术措施无法指导现场作业的问题，影响现场安全施工，埋下事故隐患。

86 脚手架、跨越架未经验收合格即投入使用。

脚手架、跨越架必须按规范要求搭设，应经现场监理及使用单位验收合格，悬挂合格标示后才能投入使用。

87 对"超过一定规模的危险性较大的分部、分项工程"（含大修、技改等项目），未组织编制专项施工方案（含安全技术措施），未按规定论证、审核、审批、交底及现场监督实施。

在一些超过一定规模的危险性较大的分部、分项工程中，施工人员如不清楚施工方法和危险因素等，进入工作现场无序组织、盲目施工，极易引发安全事故。在此类工程项目中，必须组织编制专项施工方案（含安全技术措施），并按规定论证、审核、审批。施工前，对所有人员进行交底和签字认可，施工中，管理人员和监理人员应现场监督实施。

三级及以上风险作业管理人员（含监理人员）未到岗到位进行管控。

三级及以上风险作业现场，不同程度存在重大危险因素，作业管理人员和监理人员应对重要及危险的作业工序及部位，如大型吊装、近电作业、大型机械施工等进行到岗到位监督和旁站监理，监督和指导作业人员安全有序施工，确保现场安全。

89 电力监控系统作业过程中，未经授权，接入非专用调试设备，或调试计算机接入外网。

非专用调试设备

电力监控系统是封闭局域网络，必须与外网有物理隔离，保证其不会受到网络攻击。在电力监控系统上工作时，应使用专用的调试计算机及移动存储介质，严禁调试计算机接入外网。

90 劳务分包单位自备施工机械设备或安全工器具。

采取劳务外包或劳务分包的项目必须由发包方负责配备所需机具设备、工器具，并安排有经验、有资质人员负责操作施工机械、起重设备等关键设备。

91 施工方案由劳务分包单位编制。

 采取劳务外包或劳务分包的项目必须由发包方负责编制施工方案、工作票或作业票。

92 监理单位、监理项目部、监理人员不履责。

严格按照标准配齐现场监理人员，保证现场监理承载能力。监理要认真审查施工方案、施工队伍及人员资质，做好施工机械、工器具等进场前的审查核验，做好巡视旁站监理。对监理应发现未发现违章或有违章不制止、不报告、不记录的行为，按严重违章处理追责。

93 监理人员未经安全准入考试并合格，监理项目部关键岗位（总监、总监代表、安全监理、专业监理等）人员不具备相应资格，总监理工程师兼任工程数量超出规定允许数量。

监理人员必须经安全准入考试并合格后方可进入施工现场开展施工监理工作。监理人员任职资格应符合国家法律和行业的规定。

94 安全风险管控平台上的作业开工状态与实际不符；作业现场未布设与安全风险管控平台作业计划绑定的视频监控设备，或视频监控设备未开机、未拍摄现场作业内容。

视频监控设备应设置在牢固、不易被碰撞、不影响作业的位置，确保能覆盖整个作业现场，不得遮挡、损毁设备视频，不得阻碍视频信息上传。作业全过程应保证视频监控设备连续稳定运行，不得无故中断。对于多点作业的现场应使用多台设备，对存在较大安全风险的作业点进行重点监控。

95 应拉断路器（开关）、应拉隔离开关（刀闸）、应拉熔断器、应合接地开关、作业现场装设的工作接地线未在工作票上准确登录；工作接地线未按票面要求准确登录安装位置、编号、挂拆时间等信息。

　　断路器（开关）、隔离开关（刀闸）、熔断器、接地开关、作业现场装设的工作接地线以及工作接地线安装位置、编号、装拆时间等均属于作业现场安全措施的主要部分，该类信息均应正确无误地登记在工作票上，如果填写不准确、不清楚或任意涂改，在执行时可能由于识别或理解有误，导致安全措施不完善等，容易危及人身、设备安全。

96 高压带电作业未穿戴绝缘手套等绝缘防护用具；高压带电断、接引线或带电断、接空载线路时未戴护目镜。

　　高压带电作业，因线路三相导线之间空间距离小且设施密集，作业范围狭窄，在人体活动范围内容易触及不同电位，因此，为防止作业人员触电，带电作业全过程作业人员必须穿戴绝缘防护用具且严禁摘下。高压带电断、接引线或带电断、接空载线作业时，均容易产生电弧，所以作业人员必须佩戴护目镜，保护眼睛不受电弧伤害。

97 汽车式起重机作业前未支好全部支腿，支腿未按规程要求加垫木。

 汽车式起重机作业前要求平整停机场地、牢固可靠地打好支腿。吊载作业时，未垫枕木会因支腿对地面压强增大造成地面下沉、支腿下陷而出现重机倾覆的安全隐患。

98 链条葫芦、手扳葫芦、吊钩式滑车等装置的吊钩和起重作业使用的吊钩无防止脱钩的保险装置。

快放下，吊钩没有使用防脱钩装置。

链条葫芦、手扳葫芦、吊钩式滑车等装置的吊钩和起重作业使用的吊钩如果有防止脱钩的保险装置，可以有效避免因吊钩内绳索脱落滑出而造成的各类事故。

99 绞磨、卷扬机放置不稳；锚固不可靠；受力前方有人；拉磨尾绳人员位于锚桩前面或站在绳圈内。

绞磨、卷扬机应选择地势平坦、地形开阔、土质坚硬的地面，可保证机械放置平稳。作业时，施工机械受力后，为防止牵引绳破断或跑脱伤人，受力前方禁止人员逗留；拉磨尾绳人员应站在锚桩后面，不准在抽回的绳圈内逗留，防止锚桩受力拔出伤人，造成作业人员被缠绕而发生伤亡事故。

100 导线高空锚线未设置两道保护措施。

导线高空锚线应设置两道保护措施，目的是防止因一次锚固出现问题而导致各种事故。

附录

图解电网安全生产严重违章 100 条

I 类严重违章

1. 无日计划作业，或实际作业内容与日计划不符。

2. 存在重大事故隐患而不排除，冒险组织作业；存在重大事故隐患被要求停止施工，停止使用有关设备、设施、场所或者立即采取排除危险的整改措施，而未执行的。

3. 建设单位将工程发包给个人或不具有相应资质的单位。

4. 使用达到报废标准的或超出检验期的安全工器具。

5. 工作负责人（作业负责人、专责监护人）不在现场，或劳务分包人员担任工作负责人（作业负责人）。

6. 未经工作许可（包括在客户侧工作时，未获客户许可），即开始工作。

7. 无票（包括作业票、工作票及分票、操作票、动火票等）工作、无令操作。

8. 作业人员不清楚工作任务、危险点。

9. 超出作业范围未经审批。

10. 作业点未在接地保护范围内。

11. 漏挂接地线或漏合接地开关。

12. 组立杆塔、撤杆、撤线或紧线前未按规定采取防倒杆（塔）措施；架线施工前，未紧固地脚螺栓。

13. 高处作业、攀登或转移作业位置时失去保护。

14. 有限空间作业未执行"先通风、再检测、后作业"要求；未正确设置监护人；未配置或不正确使用安全防护装备、应急救援装备。

15. 牵引机、张力机进出口前方不得有人通过。

Ⅱ类严重违章

16. 未及时传达学习国家、国家电网有限公司安全工作部署，未及时开展国家电网有限公司系统安全事故（事件）通报学习、安全日活动等。

17. 安全生产巡查通报的问题未组织整改或整改不到位。

18. 针对国家电网有限公司通报的安全事故事件、要求开展的隐患排查，未举一反三组织排查；未建立隐患排查标准，分层分级组织排查。

19. 承包单位将其承包的全部工程转给其他单位或个人施工；承包单位将其承包的全部工程分解以后，以分包的名义分别转给其他单位或个人施工。

20. 施工总承包单位或专业承包单位未派驻项目负责人、技术负责人、质量管理负责人、安全管理负责人等主要管理人员；合同约定由承包单位负责采购的主要建筑材料、构配件及工程设备或租赁的施工机械设备，由其他单位或个人采购、租赁。

21. 没有资质的单位或个人借用其他施工单位的资质承揽工程，有资质的施工单位相互借用资质承揽工程。

22. 拉线、地锚、索道投入使用前未计算校核受力情况。

23. 拉线、地锚、索道投入使用前未开展验收；组塔架线前未对地脚螺栓开展验收；验收不合格，未整改并重新验收合格即投入使用。

24. 未按照要求开展电网风险评估，及时发布电网风险预警、落实有效的风险管控措施。

25. 特高压换流站工程启动调试阶段，建设、施工、运维等单位责任界面不清晰，设备主人不明确，预试、交接、验收等环节工作未履行。

26. 约时停、送电；带电作业约时停用或恢复重合闸。

27. 未按要求开展网络安全等级保护定级、备案和测评工作。

28. 电力监控系统中横纵向防护设备缺失。

29. 货运索道载人。

30. 超允许起重量起吊。

31. 采用正装法组立超过 30m 的悬浮抱杆。

32. 紧断线平移导线挂线作业未采取交替平移子导线的方式。

33. 在带电设备附近作业前未计算校核安全距离，作业安全距离不够且未采取有效措施。

34. 乘坐船舶或水上作业超载，或不使用救生装备。

35. 在电容性设备检修前未放电并接地，或结束后未充分放电；高压试验变更接线或试验结束时未将升压设备的高压部分放电、短路接地。

36. 擅自开启高压开关柜门、检修小窗，擅自移动绝缘挡板。

37. 在带电设备周围使用钢卷尺、金属梯等禁止使用的工器具。

38. 倒闸操作前不核对设备名称、编号、位置，不执行监护复诵制度或操作时漏项、跳项。

39. 倒闸操作中不按规定检查设备实际位置，不确认设备操作到位情况。

40. 在继电保护屏上作业时，运行设备与检修设备无明显标志隔开，或在保护盘上或附近进行振动较大的工作时，未采取防掉闸的安全措施。

41. 防误闭锁装置功能不完善，未按要求投入运行。

42. 随意解除闭锁装置，或擅自使用解锁工具（钥匙）。

43. 继电保护、直流控保、稳控装置等定值计算、调试错误，误动、误碰、误（漏）接线。

44. 在运行站内使用吊车、高空作业车、挖掘机等大型机械开展作业，未经设备运维单位批准即改变施工方案规定的工作内容、工作方式等。

45. 两个及以上专业、单位参与的改造、扩建、检修等综合性作业，未成立由上级单位领导任组长，相关部门、单位参加的现场作业风险管控协调组；现场作业风险管控协调组未常驻现场督导和协调风险管控工作。

Ⅲ类严重违章

46. 承包单位将其承包的工程分包给个人，施工总承包单位或专业承包单位将工程分包给不具备相应资质单位。

47. 施工总承包单位将施工总承包合同范围内工程主体结构的施工分包给其他单位，专业分包单位将其承包的专业工程中非劳务作业部分再分包，劳务分包单位将其承包的劳务再分包。

48. 承发包双方未依法签订安全协议，未明确双方应承担的安全责任。

49. 将高风险作业定级为低风险。

50. 跨越带电线路展放导（地）线作业，跨越架、封网等安全措施均未采取。

51. 违规使用没有"一书一签"（化学品安全技术说明书、化学品安全标签）的危险化学品。

52. 现场规程没有每年进行一次复查、修订并书面通知有关人员；不需修订的情况下，未由复查人、审核人、批准人签署"可以继续执行"的书面文件并通知有关人员。

53. 现场作业人员未经安全准入考试并合格；新进、转岗和离岗3个月以上电气作业人员，未经专门安全教育培训，并经考试合格上岗。

54. 不具备"三种人"资格的人员担任工作票签发人、工作负责人或许可人。

55. 特种设备作业人员、特种作业人员、危险化学品从业人员未依法取得资格证书。

56. 特种设备未依法取得使用登记证书、未经定期检验或检验不合格。

57. 自制施工工器具未经检测试验合格。

58. 金属封闭式开关设备未按照国家、行业标准设计制造压力释放通道。

59. 设备无双重名称，或名称及编号不唯一、不正确、不清晰。

60. 高压配电装置带电部分对地距离不满足且未采取措施。

61. 电化学储能电站电池管理系统、消防灭火系统、可燃气体报警装置、通风装置未达到设计要求或故障失效。

62. 网络边界未按要求部署安全防护设备并定期进行特征库升级。

63. 高边坡施工未按要求设置安全防护设施；对不良地质构造的高边坡，未按设计要求采取锚喷或加固等支护措施。

64. 平衡挂线时，在同一相邻耐张段的同相导线上进行其他作业。

65. 未经批准，擅自将自动灭火装置、火灾自动报警装置退出运行。

66. 票面（包括作业票、工作票及分票、动火票等）缺少工作负责人、工作班成员签字等关键内容。

67. 重要工序、关键环节作业未按施工方案或规定程序开展作业；作业人员未经批准擅自改变已设置的安全措施。

68. 货运索道超载使用。

69. 作业人员擅自穿、跨越安全围栏、安全警戒线。

70. 起吊或牵引过程中，受力钢丝绳周围、上下方、内角侧和起吊物下面，有人逗留或通过。

71. 使用金具 U 形环代替卸扣，使用普通材料的螺栓取代卸扣销轴。

72. 放线区段有跨越、平行输电线路时，导（地）线或牵引绳未采取接地措施。

73. 耐张塔挂线前，未使用导体将耐张绝缘子串短接。

74. 在易燃易爆或禁火区域携带火种、使用明火、吸烟；未采取防火等安全措施在易燃物品上方进行焊接，下方无监护人。

75. 动火作业前，未将盛有或盛过易燃易爆等化学危险物品的容器、设备、管道等生产、储存装置与生产系统隔离，未清洗置换，未检测可燃气体（蒸气）含量，或可燃气体（蒸气）含量不合格即动火作业。

76. 动火作业前，未清除动火现场及周围的易燃物品。

77. 生产和施工场所未按规定配备消防器材或配备不合格的消防器材。

78. 作业现场违规存放民用爆炸物品。

79. 擅自倾倒、堆放、丢弃或遗撒危险化学品。

80. 带负荷断、接引线。

81. 电力线路设备拆除后，带电部分未处理。

82. 在互感器二次回路上工作，未采取防止电流互感器二次回路开路，电压互感器二次回路短路的措施。

83. 起重作业无专人指挥。

84. 高压业扩现场勘察未进行客户双签发；业扩报装设备未经验收，擅自接火送电。

85. 未按规定开展现场勘察或未留存勘察记录，工作票（作业票）签发人和工作负责人均未参加现场勘察。

86. 脚手架、跨越架未经验收合格即投入使用。

87. 对"超过一定规模的危险性较大的分部、分项工程"（含大修、技改等项目），未组织编制专项施工方案（含安全技术措施），未按规定论证、审核、审批、交底及现场监督实施。

88. 三级及以上风险作业管理人员（含监理人员）未到岗到位进行管控。

89. 电力监控系统作业过程中，未经授权，接入非专用调试设备，或调试计算机接入外网。

90. 劳务分包单位自备施工机械设备或安全工器具。

91. 施工方案由劳务分包单位编制。

92. 监理单位、监理项目部、监理人员不履责。

93. 监理人员未经安全准入考试并合格，监理项目部关键岗位（总监、总监代表、安全监理、专业监理等）人员不具备相应资格，总监理工程师兼任工程数量超出规定允许数量。

94. 安全风险管控平台上的作业开工状态与实际不符；作业现场未布设与安全风险管控平台作业计划绑定的视频监控设备，或视频监控设备未开机、未拍摄现场作业内容。

95. 应拉断路器（开关）、应拉隔离开关（刀闸）、应拉熔断器、应合接地开关、作业现场装设的工作接地线未在工作票上准确登录；工作接地线未按票面要求准确登录安装位置、编号、挂拆时间等信息。

96. 高压带电作业未穿戴绝缘手套等绝缘防护用具；高压带电断、接引线或带电断、接空载线路时未戴护目镜。

97. 汽车式起重机作业前未支好全部支腿，支腿未按规程要求加垫木。

98. 链条葫芦、手扳葫芦、吊钩式滑车等装置的吊钩和起重作业使用的吊钩无防止脱钩的保险装置。

99. 绞磨、卷扬机放置不稳；锚固不可靠；受力前方有人；拉磨尾绳人员位于锚桩前面或站在绳圈内。

100. 导线高空锚线未设置两道保护措施。